Josefa Castillo
Erica Coronado
Carlos Jacomino

CIMIENTOS DE RESILIENCIA

Josefa Castillo
Erica Coronado
Carlos Jacomino

CIMIENTOS DE RESILIENCIA

HISTORIAS OCULTAS DE ACERO Y PIEDRA EN LA INGENIERIA CIVIL

Editorial Académica Española

Imprint

Any brand names and product names mentioned in this book are subject to trademark, brand or patent protection and are trademarks or registered trademarks of their respective holders. The use of brand names, product names, common names, trade names, product descriptions etc. even without a particular marking in this work is in no way to be construed to mean that such names may be regarded as unrestricted in respect of trademark and brand protection legislation and could thus be used by anyone.

Cover image: www.ingimage.com

Publisher:
Editorial Académica Española
is a trademark of
Dodo Books Indian Ocean Ltd. and OmniScriptum S.R.L publishing group

120 High Road, East Finchley, London, N2 9ED, United Kingdom
Str. Armeneasca 28/1, office 1, Chisinau MD-2012, Republic of Moldova, Europe
Printed at: see last page
ISBN: 978-613-9-40001-0

Cimientos de resiliencia:
Historias ocultas de acero y piedra en la ingeniería civil

Erica Valeria Coronado Bravo

Josefa Esperanza Castillo Martinez

Carlos Alexander Mendoza Jacomino

Para el lector:

Este libro te lleva a una fascinante aventura por las obras más emblemáticas de la ingeniería civil. Aquí conocerás las historias ocultas de estructuras que han desafiado el tiempo, desde las antiguas pirámides de Egipto hasta los acueductos romanos. Cada capítulo explora un aspecto clave: desde los primeros materiales y técnicas, pasando por los monumentos más duraderos, hasta los principios que aún inspiran la ingeniería moderna.

Prepárate para descubrir cómo estas maravillas fueron construidas con una mezcla de ciencia, creatividad y una imparable voluntad de trascender. "Cimientos de Resiliencia" no solo te cuenta la historia de estas estructuras, sino también del ingenio y esfuerzo humano que las hizo posibles. ¡Atrévete a explorar el legado que nos conecta con el pasado y nos inspira hacia el futuro!

Índice

Introducción

Hace más de 400,000 años, en un rincón perdido en el tiempo, los primeros humanos comenzaron a construir refugios, marcando el inicio de una extraordinaria travesía arquitectónica. Este viaje se intensificó hace 12,000 años con el paso al sedentarismo, cuando la humanidad comenzó a levantar viviendas permanentes y a dar forma a los primeros asentamientos. Surgieron las primeras ciudades con calles, sistemas de drenaje y espacios públicos, reflejando la complejidad de una sociedad en crecimiento y su deseo de dejar huella.

Cada colapso estructural fue una lección que impulsó nuevas técnicas, desde la transición de madera a piedra hasta el uso de herramientas precisas. Estos avances fueron la base de construcciones que no solo desafiaron el tiempo, sino que también simbolizaron la identidad colectiva de sus creadores. Así, en cada piedra y cada estructura, descubrimos cómo el anhelo humano de trascender ha moldeado nuestro mundo y nos conecta profundamente con las raíces de nuestra historia compartida.

CAPÍTULO I:
Nacimiento
DE LA
Ingeniería
Civil

Evolución de las primeras construcciones humanas

Hace más de 400,000 años, nuestros ancestros dieron los primeros pasos en lo que se convertiría en una de las hazañas más significativas de la humanidad: la construcción de refugios (Ballantyne, 2019). Comenzando con simples estructuras de ramas y pieles, estos primeros constructores sentaron las bases de lo que eventualmente se transformaría en la ingeniería civil moderna. Este proceso no solo fue un acto de supervivencia, sino un testimonio del ingenio humano y la capacidad de adaptación a un entorno cambiante. Las cuevas naturales sirvieron como los primeros laboratorios de construcción humana. Según Moropoulou (2020), en estos espacios, nuestros antepasados aprendieron principios fundamentales sobre protección contra elementos, ventilación y el manejo del espacio. Las modificaciones que realizaron en estas cavernas naturales —ampliaciones, divisiones de espacios y la creación de áreas específicas para diferentes actividades— representaron los primeros ejercicios de diseño arquitectónico. Este uso ingenioso del espacio no solo proporcionó refugio, sino que también permitió el desarrollo de actividades sociales y culturales dentro de estos entornos protegidos.

El verdadero salto cualitativo en la construcción llegó con la transición del nomadismo al sedentarismo, aproximadamente hace 12,000 años (Smith, 2019). Esta transformación fundamental en el modo de vida humano catalizó la necesidad de estructuras permanentes. La agricultura emergió como una fuente vital de sustento, lo que llevó a las comunidades a establecerse en un lugar fijo. Las primeras viviendas construidas enteramente por el ser humano aparecieron en forma de chozas circulares semienterradas, utilizando materiales locales como madera, paja y barro. Estas chozas no solo ofrecían refugio, sino que también eran adaptables a las estaciones y a las condiciones climáticas cambiantes. Los asentamientos de Çatalhöyük en la actual Turquía (7500 a.C.) representan uno de los ejemplos más antiguos y mejor preservados de esta evolución (Hodder, 2020). Según el Çatalhöyük Research Project (2022), estas construcciones mostraban ya un sofisticado entendimiento de la organización espacial y la utilización de materiales compuestos, como el adobe y la técnica del tapial. La disposición densa de las viviendas y los espacios comunitarios revela una planificación consciente que fomentaba las interacciones sociales y el comercio entre los habitantes.

Con el crecimiento de los asentamientos, surgió la necesidad de planificación. Lendering (2021) identifica que las primeras ciudades de Mesopotamia introdujeron conceptos revolucionarios como calles planificadas, sistemas de drenaje, espacios públicos definidos y jerarquía constructiva. Uruk, considerada la primera megaciudad de la historia (4500 a.C.), demostró cómo la evolución constructiva iba de la mano con la organización social (Fagan, 2021). Sus imponentes murallas y templos no solo servían propósitos funcionales, sino que también representaban los primeros ejemplos de construcción monumental. Estas estructuras reflejaban no solo el poder político y religioso sino también un sentido colectivo de identidad entre sus habitantes.

El proceso de evolución constructiva no estuvo exento de fracasos. Menon y Radhakrishnan (2022) señalan que cada colapso estructural, cada defecto en los materiales y cada problema de drenaje se convirtió en una lección vital. Los constructores antiguos desarrollaron un método empírico basado en prueba y error que, aunque lento, resultó tremendamente efectivo. Este enfoque permitió a las civilizaciones aprender sobre las propiedades físicas y mecánicas de los materiales disponibles. Un ejemplo notable es la evolución de las técnicas de construcción en el antiguo Egipto. Kostof (2023) describe cómo las primeras pirámides, como la Pirámide Escalonada de Djoser (2650 a.C.), muestran evidencias claras de ajustes y correcciones en su diseño, producto del aprendizaje acumulado en construcciones anteriores. La adaptación constante a través del tiempo permitió no solo mejorar la calidad estructural sino también innovar en técnicas arquitectónicas.

Nuttgens (2021) enfatiza cómo muchos de los principios básicos descubiertos entonces siguen siendo relevantes hoy. Entre ellos se encuentran la importancia de una cimentación sólida para garantizar la estabilidad estructural; la necesidad de ventilación adecuada para mantener condiciones internas saludables; el manejo adecuado de cargas y distribución de fuerzas para prevenir colapsos; y la selección apropiada de materiales según el clima para asegurar durabilidad y confort. Estos conocimientos, adquiridos a través de milenios de experimentación e innovación, constituyen la base sobre la cual se construyó todo el edificio de la ingeniería civil moderna.

La revolución de los materiales: de la madera a la piedra

La transición histórica del uso de la madera a la piedra representa uno de los avances más significativos en la historia de la construcción, marcando un cambio radical en las técnicas constructivas y en la durabilidad y el alcance de las estructuras humanas. Este proceso no solo transformó la manera en que se edificaban los espacios habitables, sino que también tuvo profundas repercusiones sociales, económicas y culturales. Durante las primeras etapas de la construcción humana, la madera dominaba el panorama constructivo por razones fundamentales. Su fácil disponibilidad en la mayoría de las regiones, su simplicidad en el procesamiento y manipulación, su peso relativamente ligero para el transporte y su versatilidad en aplicaciones hacían de este material una opción preferida. Las comunidades prehistóricas utilizaban madera para construir refugios, herramientas y muebles, aprovechando sus propiedades naturales. Sin embargo, a pesar de sus ventajas, la madera presentaba limitaciones significativas. Su vulnerabilidad ante incendios, deterioro por exposición a elementos naturales como humedad e insectos, y su limitada capacidad para soportar grandes alturas o tramos estructurales hacían que su uso fuera insostenible a largo plazo.

La fase de transición hacia el uso de piedra se caracterizó por un enfoque híbrido que combinaba madera y piedra. Durante este periodo, los cimientos de piedra comenzaron a proporcionar mayor estabilidad estructural, mejor protección contra la humedad del suelo y un incremento en la durabilidad general de las construcciones. Los sistemas mixtos incluían muros de piedra con techos de madera, columnas de piedra con vigas de madera y el desarrollo de técnicas de anclaje entre estos materiales dispares. Esta combinación permitió a los constructores aprovechar lo mejor de ambos mundos: la resistencia y durabilidad de la piedra junto con la ligereza y facilidad de manipulación de la madera.

La transición final hacia las construcciones en piedra marcó un punto de inflexión en la arquitectura antigua. Los avances técnicos durante este periodo incluyeron el desarrollo de técnicas sofisticadas de cantería, innovaciones en sistemas de elevación y transporte, así como la creación de nuevas herramientas especializadas. La evolución en las técnicas de unión y mortero también fue crucial; los constructores comenzaron a experimentar con diferentes tipos de morteros que mejoraron la cohesión entre las piedras. Las ventajas estructurales del uso exclusivo de piedra fueron evidentes: se logró una mayor capacidad de carga, mejor resistencia al fuego y una durabilidad superior que permitió construir estructuras más altas y complejas.

Este cambio tuvo profundas implicaciones sociales. Con el aumento en la complejidad constructiva surgieron gremios especializados de canteros que dominaron el arte del trabajo en piedra. Estos gremios no solo se encargaban del aspecto técnico, sino que también desarrollaron sistemas organizativos laborales más complejos. La necesidad de medir con precisión y planificar espacios llevó a una evolución significativa en las matemáticas y la geometría aplicada, lo que permitió a los arquitectos diseñar edificaciones más ambiciosas. Además, los cambios en los métodos constructivos impactaron directamente en la planificación urbana y el diseño arquitectónico. Las ciudades comenzaron a estructurarse alrededor de monumentos permanentes, reflejando no solo el poder político sino también un sentido colectivo de identidad cultural. Las grandes obras arquitectónicas se convirtieron en símbolos duraderos del ingenio humano.

Las innovaciones técnicas resultantes fueron numerosas y abarcan diferentes aspectos del proceso constructivo. En las técnicas de corte y acabado, se desarrollaron herramientas especializadas que permitieron un trabajo más preciso con la piedra. Los métodos de extracción en cantera evolucionaron para maximizar la eficiencia y minimizar el desperdicio. Los sistemas de pulido y acabado también mejoraron notablemente, permitiendo acabados más finos que realzaban la estética final del producto. Los sistemas de unión evolucionaron para incluir aparejos sin mortero, así como el desarrollo avanzado de morteros y aglutinantes que aumentaban la cohesión entre las piedras. Las técnicas mecánicas para el transporte y colocación se revolucionaron mediante el uso de poleas y palancas, rampas inclinadas y andamiajes temporales que facilitaban el trabajo en altura.

Esta revolución en los materiales estableció las bases para el desarrollo posterior tanto de la arquitectura como de la ingeniería civil, dejando un legado que continúa influyendo en las prácticas constructivas modernas. La transición del uso predominante de madera a piedra no solo transformó la forma en que construimos; también alteró nuestra concepción sobre permanencia y monumentalidad en arquitectura. El impacto tangible de este cambio se puede observar en las estructuras antiguas que han sobrevivido hasta nuestros días. Desde los templos griegos hasta las catedrales medievales, estas edificaciones no solo son testimonios del ingenio humano sino también ejemplos claros del impacto fundamental que tuvo esta revolución material en el desarrollo civilizatorio.

Desarrollo de herramientas y técnicas fundamentales

Las primeras manifestaciones de la ingeniería civil surgieron de la necesidad humana de modificar su entorno para sobrevivir y prosperar. Esta evolución comenzó con herramientas rudimentarias que, gradualmente, se transformaron en instrumentos más sofisticados y precisos. En los albores de la civilización, las cuerdas graduadas se convirtieron en las primeras herramientas de medición precisas. Los egipcios, enfrentados al desafío anual de restablecer los límites de las tierras tras las crecidas del Nilo, desarrollaron un sistema de medición basado en el codo real, una unidad estandarizada que permitió alcanzar niveles sorprendentes de precisión en sus construcciones. La Gran Pirámide de Giza, con una desviación de menos de 1 grado en sus ángulos base, testimonia la efectividad de estos métodos.

Las plomadas, aparentemente simples, pero increíblemente efectivas, revolucionaron la construcción vertical. Este instrumento, que consistía en un peso atado a una cuerda, aprovechaba la gravedad para proporcionar una línea perfectamente vertical, resultando fundamental en la construcción de estructuras altas y en la verificación de la verticalidad de muros y columnas. La transición de la Edad del Bronce a la Edad del Hierro marcó un punto de inflexión en el desarrollo de herramientas constructivas. Las limitaciones de durabilidad y resistencia de las herramientas de bronce fueron superadas por los nuevos instrumentos de hierro, permitiendo trabajar materiales más duros con mayor precisión. Los cinceles se diversificaron según su función: puntiagudos para trabajo inicial, planos para acabados y dentados para texturas específicas.

En cuanto a las técnicas de construcción, la evolución fue gradual pero constante. Los constructores antiguos desarrollaron métodos sofisticados para la cimentación, comenzando por la observación minuciosa del terreno. Las civilizaciones mesopotámicas, por ejemplo, idearon técnicas avanzadas para construir en terrenos pantanosos, utilizando esteras de caña entrelazadas y capas alternadas de ladrillos para crear cimientos estables, técnica fundamental en la construcción de sus imponentes zigurats. Los romanos marcaron un antes y un después con el desarrollo del "opus caementicium", su versión del hormigón. Esta innovación permitió la construcción de estructuras más grandes y complejas, siendo el Panteón de Roma, con su impresionante cúpula de 43.3 metros, el ejemplo más notable de su potencial constructivo.

Imagen: Este es el opus caementicium

Fuente: Shutterstock

Figura 2
Imagen del panteón de Roma

Fuente: Historia Nacional Geographic

El transporte de materiales pesados representó uno de los mayores desafíos. Los egipcios desarrollaron ingeniosos sistemas para mover bloques de piedra de varias toneladas utilizando trineos de madera sobre arena mojada para reducir la fricción. Los griegos y romanos, por su parte, perfeccionaron los sistemas de poleas, desarrollando grúas como la 'Trispastos', que reducía a un tercio el esfuerzo necesario para levantar pesos. La organización del trabajo también experimentó una evolución significativa. Se establecieron jerarquías laborales claras, con maestros artesanos supervisando a aprendices y trabajadores. Esta estructura permitió la especialización y la transmisión efectiva de conocimientos, contribuyendo al perfeccionamiento continuo de técnicas constructivas.

Los sistemas de drenaje y gestión del agua fueron otra área crucial de innovación. Los antiguos constructores desarrollaron sofisticados sistemas de canales, acueductos y alcantarillado. Los romanos, en particular, destacaron en este campo al crear redes de acueductos que aún hoy asombran por su ingeniería y durabilidad. La documentación y transmisión del conocimiento constructivo también jugaron un papel fundamental. Aunque inicialmente el conocimiento se transmitía principalmente de manera oral y práctica, gradualmente surgieron los primeros tratados y manuales sobre construcción. Vitruvio, con sus "Diez Libros de Arquitectura", proporciona uno de los testimonios más completos sobre las técnicas constructivas de la antigüedad.

Estas innovaciones técnicas y metodológicas sentaron las bases para la ingeniería civil moderna. La precisión en la medición, la eficiencia en el transporte de materiales, la organización del trabajo y la documentación del conocimiento fueron elementos cruciales que permitieron el desarrollo de proyectos cada vez más ambiciosos y complejos. La importancia de estas herramientas y técnicas fundamentales radica no solo en su utilidad práctica inmediata sino en cómo transformaron la manera en que los humanos concebían y ejecutaban sus proyectos constructivos.

Cada innovación abría nuevas posibilidades y planteaba nuevos desafíos, impulsando un ciclo continuo de mejora y desarrollo que continúa hasta nuestros días. Por ejemplo, el uso del hierro no solo mejoró las herramientas utilizadas en construcción, sino que también facilitó avances en otras áreas como la agricultura y la metalurgia. Las herramientas metálicas permitieron a las sociedades antiguas expandir sus capacidades productivas y mejorar su calidad de vida.

Los primeros sistemas de medición y diseño

La historia de la ingeniería civil está intrínsecamente ligada al desarrollo de sistemas de medición y diseño, elementos fundamentales que han permitido a las civilizaciones construir infraestructuras complejas y funcionales. Desde tiempos prehistóricos, los seres humanos han sentido la necesidad de medir para satisfacer sus necesidades básicas, como la construcción de refugios, la caza y la agricultura. Las primeras unidades de medida eran informales y basadas en partes del cuerpo humano, como el pie o el codo. Sin embargo, estas medidas eran altamente subjetivas y varían entre individuos, lo que generaba confusión en actividades comerciales y constructivas.

A medida que las civilizaciones avanzaron, se establecieron sistemas más organizados de medición. En Egipto, por ejemplo, se utilizaba el "codo real" como unidad estándar para construir monumentos, incluidas las pirámides. Este sistema representó un avance significativo en comparación con las medidas informales previas, aunque aún presentaba limitaciones en términos de precisión y estandarización. Los babilonios introdujeron un sistema sexagesimal (base 60), que todavía influye en cómo medimos el tiempo y los ángulos hoy en día; por ejemplo, 60 segundos en un minuto y 360 grados en un círculo. Los griegos también hicieron contribuciones importantes al desarrollo de la geometría, sentando las bases para el diseño arquitectónico moderno. Los romanos, por su parte, desarrollaron un sistema más estructurado que incluía unidades como la milla romana y el pie romano. Su enfoque práctico hacia la construcción llevó a la creación de infraestructuras duraderas como acueductos y caminos. La ingeniería romana fue notable no solo por su escala sino también por su atención al detalle en la planificación y ejecución, lo que requería medidas precisas para garantizar la estabilidad y funcionalidad de sus obras.

Un hito crucial en la historia de la medición fue la Revolución Francesa, que llevó a la creación del sistema métrico decimal en 1795. Este sistema fue diseñado para ser lógico y universal, basado en unidades que podían ser replicadas con precisión. El metro se definió inicialmente como una fracción del meridiano terrestre, proporcionando una base científica para su uso. La estructura decimal del sistema métrico facilitó enormemente el trabajo de los ingenieros civiles al permitir cálculos más precisos y estandarizados. El sistema métrico se caracteriza por su organización decimal, lo que significa que las unidades están organizadas en potencias de diez. Esto simplificó las conversiones entre diferentes magnitudes; por ejemplo: 1 kilómetro (km) = 1,000 metros (m), 1 hectárea (ha) = 10,000 metros cuadrados (m^2), y 1 litro (L) = 1,000 mililitros (mL). Esta lógica decimal no solo facilitó el trabajo diario de los ingenieros, sino que también mejoró la comunicación entre profesionales de diferentes regiones.

El Sistema Internacional de Unidades (SI), formalizado en 1960 y revisado recientemente en 2019, representa un avance significativo en la estandarización global de las medidas. En esta revisión, todas las unidades del SI fueron redefinidas a partir de constantes fundamentales de la naturaleza, eliminando cualquier dependencia de artefactos materiales específicos. El "SI" se basa en siete unidades fundamentales: metro (m) para longitud, kilogramo (kg) para masa, segundo (s) para tiempo, ampere (A) para corriente eléctrica, kelvin (K) para temperatura, mol (mol) para cantidad de sustancia y candela (cd) para intensidad luminosa. Estas unidades permiten una amplia gama de aplicaciones en ingeniería civil, desde el diseño estructural hasta el análisis térmico y ambiental.

La implementación del sistema métrico y posteriormente del "SI" ha transformado cómo se llevan a cabo los proyectos de ingeniería civil. Las especificaciones técnicas ahora requieren que todos los documentos, desde planos hasta informes técnicos, utilicen exclusivamente unidades métricas. Esto no solo mejora la claridad, sino que también reduce significativamente los errores derivados de conversiones incorrectas entre sistemas. La estandarización también ha llevado a la creación de normas internacionales que regulan diversos aspectos del diseño y construcción. Organizaciones como ISO (Organización Internacional de Normalización) han desarrollado estándares que garantizan calidad y seguridad en proyectos a nivel global. Estos estándares abarcan desde materiales hasta procedimientos constructivos, asegurando que todos los ingenieros trabajen bajo criterios comunes.

Además, el uso exclusivo del SI permite una mejor integración tecnológica. Con el auge del software avanzado utilizado en diseño asistido por computadora (CAD) y modelado de información sobre edificios (BIM), los ingenieros pueden trabajar con un conjunto coherente de unidades que son reconocidas internacionalmente. Esto optimiza no solo el proceso de diseño estructural sino también la planificación logística y la gestión del ciclo de vida del proyecto.

A pesar de los beneficios evidentes del SI, muchos países aún enfrentan desafíos en su implementación total. En algunas regiones persisten prácticas basadas en sistemas tradicionales o locales que pueden dificultar esta adopción completa. La resistencia cultural al cambio es uno de los principales obstáculos; muchos profesionales están acostumbrados a trabajar con sistemas imperiales o locales y pueden ser reacios a cambiar debido a la curva de aprendizaje asociada con nuevas unidades y métodos. En Estados Unidos, por ejemplo, aunque se ha promovido el uso del sistema métrico desde hace décadas, muchas industrias siguen utilizando medidas imperiales debido a su arraigo cultural e histórico. Esto genera complicaciones cuando se trabaja con socios internacionales o cuando se importan/exportan productos.

El futuro de la ingeniería civil dependerá cada vez más de una integración efectiva del SI con tecnologías emergentes como la inteligencia artificial (IA), el análisis predictivo y la construcción automatizada mediante técnicas como la impresión 3D. Estas innovaciones no solo aumentarán la eficiencia, sino que también permitirán un enfoque más sostenible hacia el desarrollo urbano. Por ejemplo, el uso de sensores inteligentes puede proporcionar datos en tiempo real sobre el estado estructural de un edificio o puente, permitiendo intervenciones proactivas antes de que ocurran fallos significativos.

Principios universales de construcción que perduran

La ingeniería civil ha sido un pilar fundamental en el desarrollo de las sociedades humanas, y a lo largo de su rica historia ha estado guiada por un conjunto de principios universales que han perdurado y evolucionado con el tiempo. Estos principios no solo reflejan la experiencia acumulada de civilizaciones pasadas, sino que también abordan las necesidades humanas y los desafíos del entorno construido. A continuación, se examinan estos principios fundamentales que continúan influyendo en las prácticas constructivas modernas.

El principio de utilidad es esencial en la construcción, ya que establece que cada estructura debe ser adecuada para el propósito para el cual fue diseñada. Desde las primeras viviendas hasta los complejos arquitectónicos contemporáneos, la funcionalidad ha sido un criterio clave en el diseño. Esto implica no solo la disposición eficiente de los espacios, sino también la accesibilidad y la facilidad de uso. Un diseño funcional considera cómo interactúan los ocupantes con el espacio, asegurando que cada área cumpla con su propósito específico. Por ejemplo, en edificios públicos como escuelas y hospitales, la organización del espacio puede influir directamente en la eficacia del servicio y en la experiencia del usuario. La funcionalidad también se extiende a la adaptabilidad de los espacios. A medida que las necesidades de las comunidades cambian, las estructuras deben poder ajustarse a nuevos usos sin requerir una remodelación completa. Este enfoque flexible no solo maximiza el valor del espacio construido, sino que también contribuye a una gestión más eficiente de los recursos.

La sostenibilidad ha emergido como un principio fundamental en la construcción moderna, especialmente en respuesta a los desafíos ambientales actuales. Este concepto implica diseñar y construir de manera que se minimice el impacto ambiental y se maximice la eficiencia en el uso de recursos. La construcción sostenible busca no solo reducir el consumo energético durante la operación del edificio, sino también considerar el ciclo de vida completo de los materiales utilizados. La implementación de tecnologías como paneles solares, sistemas de recolección de agua pluvial y materiales reciclables son ejemplos claros de cómo este principio se aplica en la práctica contemporánea. Además, la eficiencia energética no solo reduce costos operativos a largo plazo, sino que también contribuye a un entorno más saludable para los ocupantes y para el planeta.

La durabilidad es otro principio clave que se refiere a la capacidad de una estructura para resistir las fuerzas del tiempo y las condiciones ambientales adversas. Desde las antiguas pirámides egipcias hasta los modernos rascacielos, la resistencia ha sido un factor determinante en el diseño arquitectónico. Las estructuras deben ser capaces de soportar cargas estáticas y dinámicas, así como resistir desastres naturales como terremotos e inundaciones. Este principio asegura no solo la seguridad de los ocupantes, sino también minimiza los costos asociados con reparaciones y mantenimiento a lo largo del tiempo. La elección adecuada de materiales y técnicas constructivas es crucial para garantizar la longevidad de cualquier edificación. Por ejemplo, el uso de hormigón reforzado o acero estructural puede aumentar significativamente la resistencia y durabilidad de una estructura.

La adaptabilidad es un principio esencial en la construcción contemporánea. A medida que las sociedades evolucionan, también lo hacen sus necesidades funcionales. Diseñar edificios con flexibilidad permite su uso para diferentes propósitos a lo largo del tiempo sin necesidad de una remodelación completa. Por ejemplo, un espacio diseñado inicialmente como oficina puede transformarse fácilmente en un área residencial o comercial si se planifica adecuadamente desde el inicio. Esta capacidad para adaptarse a cambios futuros no solo maximiza el valor del espacio construido, sino que también contribuye a una gestión más eficiente de los recursos. La implementación de espacios modulares o sistemas móviles dentro de edificios puede facilitar esta flexibilidad.

La estética es un aspecto fundamental en la construcción que debe ser considerado seriamente. Las estructuras deben integrarse armónicamente con su entorno cultural y natural. Este principio implica no solo la forma y el estilo arquitectónico, sino también cómo estos elementos responden al contexto histórico y social del lugar donde se ubican. La arquitectura debe reflejar la identidad cultural de una comunidad y contribuir al paisaje urbano sin desentonar con él. Edificios emblemáticos como museos o bibliotecas pueden convertirse en símbolos culturales que enriquecen su entorno e inspiran a las generaciones futuras.

La innovación ha sido un motor clave en el desarrollo de nuevos métodos constructivos y materiales a lo largo de la historia. Desde la invención del hormigón hasta el uso actual de tecnologías avanzadas como BIM (Modelado de Información de Construcción) e impresión 3D, cada avance técnico ha permitido mejorar la eficiencia, precisión y sostenibilidad en los proyectos constructivos. La adopción de nuevas tecnologías no solo optimiza los procesos constructivos, sino que también abre nuevas posibilidades creativas para arquitectos e ingenieros. Por ejemplo, el uso de software avanzado permite simulaciones precisas que ayudan a prever problemas antes de iniciar la construcción real.

Finalmente, otro principio fundamental es la importancia de una adecuada documentación y cumplimiento normativo en todos los aspectos del proceso constructivo. Las normas establecen estándares mínimos para garantizar la seguridad estructural, funcionalidad y sostenibilidad de los edificios. La documentación clara permite una mejor comunicación entre todos los actores involucrados en un proyecto —desde arquitectos hasta contratistas— asegurando que todos trabajen hacia un mismo objetivo común.

Los principios universales de construcción que perduran son más que simples pautas; son fundamentos esenciales que han guiado a las civilizaciones a lo largo del tiempo y continúan moldeando nuestro entorno construido hoy en día. Al integrar estos principios en cada fase del proceso constructivo —desde el diseño inicial hasta la ejecución final— se puede garantizar no solo la calidad del resultado final, sino también su relevancia a largo plazo en un mundo cambiante.

Estos principios son testimonio del ingenio humano y reflejan nuestra capacidad para adaptarnos a nuevas realidades mientras honramos las lecciones aprendidas del pasado. A medida que avanzamos hacia el futuro, es esencial seguir aplicando estos fundamentos para construir entornos más sostenibles, inclusivos y resilientes que respondan a las necesidades tanto actuales como futuras de nuestras sociedades.

CAPITULO
MONUMENTOS
DE ETERNIDAD

La Gran Pirámide de Giza: Precisión y Geometría

La Gran Pirámide de Giza, construida entre el 2580 y el 2560 a.C., se erige como el más grande de los tres monumentos piramidales situados en Giza y es la única de las Siete Maravillas del Mundo Antiguo que aún perdura. Este impresionante hito arquitectónico fue erigido para el faraón Keops, también conocido como Khufu, y es un testimonio de la extraordinaria habilidad de los antiguos egipcios en matemáticas, astronomía y arquitectura. Originalmente, la pirámide alcanzaba una altura de 146.6 metros, lo que la convirtió en la edificación más alta del mundo durante más de 3,800 años, un récord que no fue superado hasta la construcción de la Catedral de Ulm en Alemania en 1890. Su base ocupa más de 13 acres y está compuesta por aproximadamente 2.3 millones de bloques de piedra caliza, cada uno de los cuales pesa entre 2.5 y 15 toneladas.

Figura 3
Imagen de las asombrosas pirámides de Giza

Fuente: Pinterest
Alineación Astronómica y Diseño Geométrico

Uno de los aspectos más fascinantes de la Gran Pirámide es su alineación casi perfecta con los puntos cardinales. Con una desviación de solo 0.067 grados, esta precisión sugiere un profundo conocimiento de la astronomía por parte de los arquitectos egipcios. Los antiguos egipcios utilizaban un sistema de observación astronómica para asegurar que la pirámide estuviera orientada correctamente. Se cree que usaban herramientas como el gnomon, un palo que proyecta sombras, y otros instrumentos rudimentarios para medir la posición del sol y las estrellas. Este enfoque no solo demuestra su habilidad técnica, sino también su creencia en la importancia de la cosmovisión en la arquitectura. La pirámide no era solo un mausoleo, sino también un símbolo de la conexión entre el cielo y la tierra.

El diseño de la pirámide no es solo una hazaña de construcción; también tiene un significado simbólico profundo. La forma piramidal representa los rayos del sol, lo que refuerza la conexión del faraón con Ra, el dios del sol y una de las deidades más importantes del panteón egipcio. La pirámide funcionaba como un puente entre la Tierra y el cielo, facilitando la ascensión del faraón al más allá. Este vínculo espiritual se manifiesta en los textos religiosos y funerarios que adornan las paredes de las cámaras internas, donde se invocan a las deidades para que protejan al rey en su viaje al más allá.

Complejo Funerario y Simbolismo

El complejo funerario que rodea la pirámide incluye templos, otras pirámides y tumbas, todos diseñados para facilitar la transición del faraón al más allá. La importancia de la vida después de la muerte en la cultura egipcia se refleja en los elaborados rituales funerarios y en la construcción de tumbas ricamente decoradas. El uso de jeroglíficos y relieves en las paredes de la pirámide y en las cámaras funerarias era fundamental para garantizar que el faraón tuviera todo lo necesario en su vida después de la muerte. Dentro de la pirámide, se han encontrado cámaras que contenían tesoros, estatuas y otros objetos que se creía que el faraón necesitaría en el más allá, lo que indica la riqueza y el poder que poseía durante su vida.

El complejo funerario también incluye la famosa Esfinge de Giza, que se cree que fue construida durante la misma época y que representa la fuerza y la sabiduría del faraón. La Esfinge, con su cuerpo de león y cabeza humana, simboliza la protección y la vigilancia del faraón, añadiendo otro nivel de significado al complejo.

Métodos de Construcción

La construcción de la Gran Pirámide ha sido objeto de estudio durante siglos, y los métodos utilizados para mover y colocar los enormes bloques de piedra han generado numerosas teorías. Los egiptólogos han propuesto que los trabajadores utilizaron rampas y contrapesos, así como un sistema de palancas para facilitar el transporte de las piedras desde las canteras hasta el lugar de construcción. Algunas teorías sugieren que se usaron rampas rectas, mientras que otras indican que las rampas podrían haber sido en espiral, permitiendo un acceso más fácil a las secciones más altas de la pirámide.

Este enfoque innovador de la ingeniería es un testimonio de la organización y la habilidad de la mano de obra involucrada en el proyecto, que se estima que consistía en miles de trabajadores, incluidos artesanos, ingenieros y obreros. Aunque algunas narrativas populares sugieren que los esclavos construyeron la pirámide, la evidencia arqueológica indica que estos trabajadores eran en su mayoría campesinos que laboraban durante las inundaciones del Nilo, cuando no podían cultivar sus tierras. Los registros indican que estos trabajadores eran bien alimentados y recibían atención médica, lo que sugiere que su trabajo en la pirámide era considerado un servicio sagrado y honorífico.

Resistencia a través de los **años**

A lo largo de los siglos, la Gran Pirámide ha resistido numerosos desafíos, desde desastres naturales hasta la intervención humana. Su construcción robusta, basada en técnicas avanzadas y el uso de materiales locales, ha permitido que esta estructura monumental sobreviva a terremotos y erosión. A pesar de los temblores que han afectado la región, la pirámide ha mantenido su integridad estructural gracias a su diseño antisísmico. La forma piramidal no solo es estética, sino que también proporciona estabilidad, distribuyendo el peso de manera uniforme y minimizando el riesgo de colapsos.

Durante la Edad Media, la pirámide fue objeto de pillaje y saqueo. Las piedras de la pirámide fueron reutilizadas en la construcción de mezquitas y otros edificios en El Cairo. Sin embargo, a pesar de estos daños, la estructura principal de la pirámide se ha mantenido en pie. En el siglo XIX, comenzaron los esfuerzos de restauración, y desde entonces ha sido objeto de importantes estudios arqueológicos y de conservación.

En el siglo XX, la Gran Pirámide se convirtió en un símbolo del antiguo Egipto y un destino turístico global. En 1979, fue declarada Patrimonio de la Humanidad por la UNESCO, lo que resaltó su importancia cultural y ha promovido esfuerzos de conservación. A lo largo de los años, se han implementado diversas técnicas de preservación para proteger la estructura de la erosión y el impacto del turismo, incluyendo el control de las condiciones ambientales en el sitio.

Legado y Significado

La Gran Pirámide no solo es un testimonio del poder y la riqueza de la civilización egipcia, sino también un símbolo perdurable de la capacidad humana para crear y construir. A lo largo de los siglos, ha sido objeto de admiración y misterio, inspirando a exploradores, arqueólogos y estudiosos. Su influencia se extiende más allá de la historia antigua; se ha convertido en un símbolo de la ingeniería y la arquitectura, demostrando que la ambición humana puede trascender el tiempo y el espacio.

La pirámide sigue siendo un destino turístico importante, atrayendo a millones de visitantes cada año que buscan experimentar de cerca esta maravilla del mundo antiguo. Además, su imagen y su historia han sido representadas en numerosas obras de arte, literatura y cine, convirtiéndola en un ícono cultural global. La Gran Pirámide de Giza no solo es un monumento, sino un legado que continúa inspirando asombro y admiración en todo el mundo.

Su capacidad para resistir el paso del tiempo y mantenerse como un faro de la civilización antigua es un testimonio del ingenio humano y del deseo eterno de buscar la inmortalidad a través de la creación arquitectónica. En un mundo en constante cambio, la Gran Pirámide de Giza sigue siendo un símbolo de estabilidad, continuidad y la búsqueda incesante del ser humano por dejar una huella duradera en la historia.

El Coliseo Romano: La Revolución del Arco y la Bóveda

El Coliseo Romano, inaugurado en el 80 d.C. bajo el emperador Tito, es uno de los más grandes logros arquitectónicos de la civilización romana y un ícono perdurable de la cultura occidental. Este impresionante anfiteatro, conocido originalmente como el Anfiteatro Flavio, no solo refleja la grandeza de Roma, sino también su habilidad para crear espacios masivos y funcionales que han resistido la prueba del tiempo. Capaz de albergar entre 50,000 y 80,000 espectadores, el Coliseo fue el escenario de numerosos eventos públicos, incluidos combates de gladiadores, representaciones teatrales y otros espectáculos que mantenían entretenida a la población.

Innovaciones Arquitectónicas: Arcos y Bóvedas

Una de las innovaciones más notables del Coliseo es su uso extensivo de arcos y bóvedas, que revolucionaron la arquitectura de la época. La construcción del Coliseo se basa en un sistema de arcos de medio punto, que distribuyen el peso de la estructura de manera más eficiente, permitiendo la creación de grandes espacios interiores. Esta técnica no solo proporcionó estabilidad, sino que también permitió un diseño atractivo y funcional.

Estructura y Diseño

La estructura del Coliseo está compuesta por un sistema de niveles que utilizan arcos para crear pasillos y asientos. Cada nivel está diseñado con arcos que forman un sistema de soporte, permitiendo que las gradas se eleven en varios niveles, lo que asegura que todos los espectadores tengan una vista clara del espectáculo. El uso de bóvedas en la construcción también posibilitó la creación de espacios subterráneos, conocidos como hipogeos, que servían como áreas de almacenamiento y preparación para los eventos.

El Coliseo es un ejemplo de ingenio arquitectónico que combina funcionalidad y estética. Su diseño incluye un eje longitudinal que conecta las entradas principales con el área central, facilitando el desplazamiento de grandes multitudes. Este enfoque en la circulación y la accesibilidad es un testimonio de la planificación cuidadosa que caracteriza la ingeniería romana.

El Coliseo también contaba con un sistema de techado que podía ser desplegado para proteger a los asistentes de las inclemencias del tiempo, un testimonio adicional de la sofisticación de la ingeniería romana. Este techado, conocido como *velarium*, era operado por marineros que utilizaban un sistema de cuerdas y poleas para extender la tela sobre las áreas ocupadas por el público, brindando así sombra y protección.

Además, los ingenieros romanos implementaron innovaciones como salidas de emergencia y sistemas de acceso rápidos, lo que demuestra un enfoque avanzado hacia la seguridad y la comodidad del público. Con sus 80 entradas, el diseño del Coliseo permitía un acceso eficiente, minimizando el riesgo de aglomeraciones y asegurando una evacuación rápida en caso de emergencia. Este nivel de planificación refleja una preocupación genuina por la experiencia del espectador, así como por su seguridad en eventos masivos.

Cultura y Entretenimiento en Roma

El Coliseo no solo era un espacio de entretenimiento, sino que también era un epicentro de la vida pública romana, donde se celebraban eventos que unían a la comunidad en torno a espectáculos grandiosos. Los combates de gladiadores, que a menudo resultaban en la muerte de los participantes, eran una forma de entretenimiento que reflejaba la brutalidad y el poder de la sociedad romana. Estos espectáculos no solo servían para entretener, sino que también eran una forma de propaganda política, mostrando la grandeza del imperio y la benevolencia del emperador.

Los eventos en el Coliseo iban más allá de los combates de gladiadores. Se realizaban cacerías de animales, ejecuciones, recreaciones de batallas navales e incluso representaciones teatrales. Esta diversidad de espectáculos reflejaba la complejidad de la cultura romana y su deseo de impresionar tanto a los ciudadanos como a los visitantes.

La conexión entre el poder político y el entretenimiento era palpable. Los emperadores utilizaban el Coliseo como una herramienta para ganar popularidad y apoyo entre la población, organizando juegos y espectáculos que a menudo eran gratuitos. Esta estrategia política aseguraba la participación masiva de la población, otorgando a los ciudadanos un sentido de pertenencia y orgullo.

Resistencia y Conservación a lo Largo de los Siglos

A pesar de los daños sufridos a lo largo de los siglos, el Coliseo sigue siendo un poderoso recordatorio del ingenio humano y la capacidad de crear estructuras que desafían el tiempo. Desde terremotos hasta saqueos, la historia del Coliseo ha estado marcada por desafíos, pero su resistencia es notable.

Desastres Naturales

La estructura ha sobrevivido a varios terremotos devastadores, incluyendo los de 847 y 1231 d.C., que causaron daños significativos, pero no destruyeron el edificio por completo. La forma arquitectónica del Coliseo, con su estructura de arcos y bóvedas, le confiere una estabilidad inherente que ha permitido que la edificación resista tensiones sísmicas. Las bóvedas, en particular, distribuyen el peso de manera uniforme, lo que ayuda a prevenir el colapso durante eventos sísmicos.

Saqueos y Reutilización de Materiales

Durante la Edad Media, el Coliseo fue utilizado como vivienda y taller. Muchos de sus materiales fueron saqueados para construir otras edificaciones en Roma, pero las secciones fundamentales de la estructura se mantuvieron en pie. En el siglo XVIII, el Coliseo fue consagrado como un lugar sagrado, lo que contribuyó a su preservación. La Iglesia Católica, reconociendo su importancia histórica y cultural, prohibió la demolición del monumento.

Restauraciones Modernas

En el siglo XIX, comenzaron los esfuerzos de restauración, que incluyeron la estabilización de estructuras dañadas y la limpieza de la piedra. Estos trabajos han permitido que el Coliseo continúe siendo una atracción para millones de visitantes, quienes buscan experimentar la historia viva de Roma. Las intervenciones han sido cuidadosamente planificadas para mantener la integridad del monumento, utilizando técnicas que respetan las tradiciones de construcción romanas y los materiales originales.

En la actualidad, el Coliseo es objeto de un riguroso programa de conservación que incluye el monitoreo de su estado estructural y el control de la erosión causada por la contaminación y el desgaste del tiempo. Estas acciones son fundamentales para asegurar que esta maravilla arquitectónica continúe siendo un símbolo de la civilización.

Legado y significado

El Coliseo no solo es un símbolo de la grandeza de Roma, sino también un testimonio de la capacidad del hombre para crear espacios que reflejan su cultura y valores. A lo largo de los siglos, ha sido objeto de admiración y estudio, inspirando la construcción de numerosos estadios y anfiteatros en todo el mundo. Su influencia se extiende más allá de la antigüedad y se ha consolidado en la cultura popular, apareciendo en películas, literatura y como un símbolo de la civilización.

Hoy en día, el Coliseo es Patrimonio de la Humanidad y figura entre las Nuevas Siete Maravillas del Mundo, atrayendo a millones de visitantes cada año. Su capacidad para resistir el paso del tiempo y mantenerse como un faro de la civilización antigua es un testimonio del ingenio humano.

El Coliseo Romano, con su impresionante historia y diseño innovador, sigue siendo un ícono de la cultura occidental y un lugar donde el tiempo parece detenerse. Cada visita permite a los turistas y a los estudiosos conectar con un pasado glorioso, donde cada piedra cuenta una historia de grandeza, lucha y resistencia.

La Gran Muralla China: adaptación al terreno y resistencia

La Gran Muralla China es un vasto sistema de fortificaciones que se extiende por más de 21,000 kilómetros a lo largo del norte de China, y es considerado uno de los logros más emblemáticos de la ingeniería y la arquitectura de la civilización china. Su construcción comenzó en el siglo VII a.C. y continuó hasta el siglo XVI, abarcando varias dinastías, incluyendo las dinastías Qin, Han y Ming. Este monumental proyecto fue diseñado principalmente para proteger las fronteras del Imperio Chino de invasiones externas, pero también sirvió como una vía de comunicación y control del comercio, reflejando la complejidad de la historia militar y cultural de China.

La muralla se construyó a partir de diversos materiales, incluyendo tierra, madera, ladrillo y piedra, dependiendo de la disponibilidad de recursos en cada región. En áreas montañosas, se utilizaban bloques de piedra cortados, mientras que, en regiones más planas, la tierra era apisonada para formar muros sólidos. Este enfoque adaptativo no solo optimizó el uso de materiales locales, sino que también permitió a la muralla integrarse de manera efectiva en el paisaje circundante.

Uno de los aspectos más notables de la Gran Muralla es su capacidad para adaptarse al terreno. La estructura serpentea a través de montañas, desiertos y llanuras, integrándose perfectamente en el paisaje natural. Esta adaptación maximiza su resistencia a los elementos y proporciona ventajas estratégicas a los defensores. Al construir la muralla siguiendo las curvas y contornos del terreno, los arquitectos lograron minimizar puntos débiles y maximizar la altura y visibilidad en áreas elevadas. En las regiones montañosas de la provincia de Shanxi, por ejemplo, se utilizaron técnicas que incorporaron la topografía, creando muros que se alineaban con las crestas.

La Gran Muralla no solo cumple una función militar; también es un símbolo de la perseverancia y la determinación del pueblo chino. Su construcción requirió un esfuerzo increíble, involucrando a millones de trabajadores a lo largo de los siglos. Muchos de ellos enfrentaron condiciones extremas y peligros, lo que ha llevado a que la muralla esté impregnada de historias de sacrificio y resistencia. La leyenda popular dice que algunos de los soldados que murieron durante la construcción fueron enterrados dentro de ella, contribuyendo a su mística y simbolizando el costo humano de este monumental proyecto.

Hoy en día, la Gran Muralla es un símbolo nacional y un atractivo turístico, recordando tanto a los chinos como al mundo la rica historia y cultura de China. En 1987, fue declarada

Patrimonio de la Humanidad por la UNESCO, lo que ha asegurado su conservación y la apreciación continua por parte de turistas y académicos. A pesar de su resistencia, la muralla enfrenta desafíos significativos, incluyendo la erosión natural, el vandalismo y el impacto del turismo masivo. Las autoridades chinas han implementado estrategias de conservación que incluyen la restauración de las secciones dañadas y la promoción de un turismo sostenible que respete el patrimonio cultural.

La Gran Muralla ha dejado una huella indeleble en la cultura china y en la percepción global del país. Su presencia en la cultura popular, en películas, literatura y arte, ha contribuido a su estatus como uno de los monumentos más reconocidos del mundo. Además de ser un símbolo de la civilización china, representa el ingenio humano y la capacidad de las civilizaciones para superar desafíos aparentemente insuperables.

Figura 4
Imagen de técnicas de construcción en la Gran Muralla China

Fuente: Pinterest

Machu Picchu: ingeniería de altura y antisísmica

Machu Picchu, la famosa ciudad inca ubicada en los Andes peruanos, es un ejemplo excepcional de ingeniería y planificación urbana. Construida en el siglo XV bajo el mandato del emperador inca Pachacútec, esta ciudadela se encuentra a 2,430 metros sobre el nivel del mar y es conocida por su impresionante belleza y sofisticación arquitectónica. Su aislamiento y la belleza natural del entorno la han convertido en uno de los destinos turísticos más importantes del mundo, atrayendo a millones de visitantes cada año.

Figura 5
Imagen de la vista del Machu Pichu

Fuente: Pinterest

Una de las características más sorprendentes de Machu Picchu es su diseño antisísmico. Los incas utilizaron técnicas avanzadas de construcción, como el uso de bloques de piedra tallados para que encajaran perfectamente sin mortero. Esta técnica permite que las estructuras se adapten a los movimientos sísmicos, lo que ha contribuido a la conservación de muchas edificaciones a lo largo de los siglos. Las paredes de Machu Picchu, construidas con piedras cortadas con precisión, han resistido terremotos que habrían derribado construcciones de otros períodos históricos.

Además, la disposición de las edificaciones en terrazas proporciona un sistema eficiente de drenaje, evitando deslizamientos de tierra y erosionando el terreno. Estas terrazas agrícolas que rodean la ciudad no solo proveían alimento, sino que también ayudaban a estabilizar el suelo, demostrando el profundo conocimiento de la agricultura y la ecología que poseían los incas. Cultivaban una variedad de productos en diferentes altitudes, lo que aseguraba la diversidad alimentaria y la sostenibilidad de la comunidad.

Machu Picchu es considerado un sitio sagrado, ligado a la cosmología inca. La orientación de muchas de sus estructuras está alineada con eventos astronómicos, como los solsticios, lo que sugiere que el lugar tenía un significado religioso y ceremonial. La famosa Intihuatana, una piedra ritual, era probablemente utilizada para ceremonias relacionadas con el sol y la agricultura. La ubicación estratégica de la ciudad, rodeada de montañas y naturaleza exuberante, refuerza la conexión espiritual que los incas tenían con su entorno.

La ciudad fue redescubierta en 1911 por el explorador Hiram Bingham, quien la dio a conocer al mundo moderno. Su relato y las imágenes que llevó a la prensa generaron un gran interés en el sitio, convirtiéndolo en un símbolo de la civilización inca. Desde entonces, Machu Picchu ha sido objeto de estudio y admiración, y su reconocimiento como Patrimonio de la Humanidad por la UNESCO en 1983 ha asegurado su preservación para las futuras generaciones.

La combinación de su belleza natural, su rica historia y su ingeniosa arquitectura continúa fascinando a visitantes de todo el mundo. Machu Picchu no solo es un testimonio del ingenio humano, sino también un símbolo de la cultura inca y su relación con la naturaleza. Su legado perdura, recordándonos la importancia de conservar y apreciar nuestras raíces históricas y culturales. Además, ha inspirado un renacimiento en el interés por la cultura inca y ha fomentado un mayor respeto por las tradiciones indígenas en todo el mundo.

Hoy en día, Machu Picchu se enfrenta a retos como el turismo masivo y el cambio climático, lo que hace aún más urgente la necesidad de esfuerzos de conservación. La influencia de Machu Picchu trasciende su belleza escénica; representa la capacidad de las civilizaciones para adaptarse y prosperar en entornos desafiantes, y su historia sigue siendo un faro de inspiración para las generaciones actuales y futuras.

Colegio Loyola de Nicaragua: Un Faro de Educación y Resiliencia

El Colegio Loyola de Nicaragua es un destacado ejemplo de la arquitectura educativa y religiosa en el país. Fundado en 1914 por la Compañía de Jesús, este colegio tiene su sede en Managua y ha sido un pilar fundamental en la formación académica y moral de generaciones de estudiantes nicaragüenses. Su misión se centra en la educación integral, promoviendo valores como la justicia, la solidaridad y el respeto, en un entorno que fomenta el desarrollo personal y comunitario.

El diseño arquitectónico del Colegio Loyola refleja la influencia del estilo colonial, caracterizado por su uso de arcos, patios interiores y una fachada imponente que evoca una sensación de tradición y solemnidad. La estructura está rodeada de jardines y espacios abiertos, proporcionando áreas propicias para la reflexión y el aprendizaje al aire libre. Este entorno natural se integra a la experiencia educativa, permitiendo a los estudiantes conectarse con su entorno y cultivar un sentido de responsabilidad ambiental.

Una de las características más destacadas del colegio es su enfoque en la educación inclusiva y el desarrollo integral de los estudiantes. Ofrece una amplia gama de programas académicos que abarcan desde la educación básica hasta la secundaria, con fuerte énfasis en la formación en valores y la espiritualidad. A lo largo de los años, ha promovido actividades extracurriculares que fomentan el liderazgo, el arte y el deporte, contribuyendo a la formación de ciudadanos comprometidos con su comunidad.

El terremoto de 1972 fue un evento devastador que afectó a Managua y a muchas de sus instituciones. A pesar de los daños significativos que sufrió la ciudad, el Colegio Loyola resistió de manera notable. La solidez de su construcción y la planificación cuidadosa de su estructura ayudaron a minimizar los daños. Aunque algunas secciones del colegio requirieron reparaciones, la mayoría de los edificios permanecieron en pie, lo que permitió que la comunidad educativa continuara funcionando en medio de la crisis. Esta capacidad de resistencia se debe en parte a las técnicas constructivas utilizadas en su edificación, que priorizaban la estabilidad y la seguridad.

El legado del Colegio Loyola se extiende más allá de su infraestructura física. A lo largo de más de un siglo, ha formado a líderes en diversas áreas, incluyendo la política, la educación, la medicina y el arte. Muchos de sus exalumnos han desempeñado papeles significativos en la sociedad nicaragüense, llevando consigo los principios de justicia y servicio que se inculcan desde una edad temprana.

En el contexto actual, el Colegio Loyola enfrenta desafíos relacionados con la modernización de su infraestructura y la necesidad de adaptarse a un entorno educativo en constante cambio. Sin embargo, su compromiso con la excelencia académica y la formación en valores sigue siendo su principal motor. La comunidad educativa trabaja para mantener la relevancia del colegio en un mundo globalizado, sin perder de vista sus raíces y su misión original.

Hoy en día, el Colegio Loyola de Nicaragua es más que una institución educativa; es un símbolo de la tradición jesuita en el país y un faro de esperanza para las futuras generaciones. Su historia y su impacto en la sociedad nicaragüense lo convierten en un monumento vivo a la educación y a los valores que han guiado a su comunidad a lo largo de los años. La institución sigue siendo un testimonio de la importancia de la educación en la construcción de una sociedad más justa y equitativa, recordando a todos la necesidad de invertir en el futuro de los jóvenes y en el desarrollo humano.

Figura 6
Imagen del colegio Loyola

Fuente: Revista Loyola

CAPITULO
III
EL
DOMINIO
DEL
AGUA

Acueductos romanos: la conquista de la gravedad

Los acueductos romanos representan uno de los mayores logros de la ingeniería antigua y un testimonio perdurable del ingenio y la capacidad técnica del Imperio Romano (Hodge, 2002). Aunque los romanos no fueron los inventores de esta tecnología, ya presente en civilizaciones como la griega y la etrusca, fueron quienes la perfeccionaron y la llevaron a una escala sin precedentes (Hansen, 2019). Este avance monumental comenzó en el año 312 a.C. con la construcción del Aqua Appia, que marcó el inicio de una era de expansión hidráulica que transformaría radicalmente la vida urbana en el imperio (Mays, 2010).

La genialidad de estas estructuras radica en su aparente simplicidad: el agua fluía por gravedad desde fuentes elevadas hasta los centros urbanos, manteniendo una pendiente suave y constante de aproximadamente 0.5% a 3% (Wilson, 2008). Sin embargo, esta aparente sencillez ocultaba una compleja obra de ingeniería que requería precisos estudios topográficos. Los ingenieros romanos utilizaban instrumentos como el chorobates (nivel de agua) y la groma para calcular desniveles y pendientes con asombrosa exactitud (Smith, 2018).

La construcción de un acueducto implicaba un sistema integral que comenzaba en la captación del agua mediante presas de derivación, azudes o galerías filtrantes (Malissard, 2001). El agua viajaba principalmente por el *specus*, un canal cubierto construido en piedra y revestido con *opus signinum*, un mortero hidráulico especial que garantizaba la impermeabilización (Lancaster, 2010). Cuando el terreno lo requería, se construían las icónicas arcadas: puentes elevados con arcos superpuestos de medio punto que permitían mantener la pendiente necesaria mientras salvaban valles y depresiones (Trevor, 2016).

Los romanos desarrollaron sofisticadas técnicas constructivas que combinaban diferentes tipos de mortero según las necesidades: *opus caementicium, opus quadratum* y *opus reticulatum* (Adam, 2005). La infraestructura incluía elementos cruciales como las *piscinae limariae, spiramina* y *putei*, además de innovaciones como los sifones hidráulicos para atravesar valles profundos y sistemas de compuertas para el mantenimiento (Frontino y Rodgers, 2004).

Como señala Bruun (2013), el sistema de distribución urbana era igualmente sofisticado. El agua llegaba a los *castellum aquae*, desde donde se distribuía mediante una red de tuberías de plomo y cerámica hacia fuentes públicas y edificios importantes. La gestión del agua estaba estrictamente regulada, con funcionarios específicos (*curator aquarum*) encargados del control y mantenimiento del suministro hídrico, así como un sistema complejo de concesiones y derechos sobre el agua.

El impacto de los acueductos en la sociedad romana fue revolucionario. Estos sistemas no solo permitieron el crecimiento de grandes ciudades, sino que también mejoraron significativamente las condiciones sanitarias al proporcionar acceso a agua potable limpia (DeLaine, 2015). Entre los ejemplos más notables que han sobrevivido hasta nuestros días se encuentran el Pont du Gard en Francia, el Acueducto de Segovia en España, el Aqua Claudia en Italia y el Acueducto de Valente en Turquía (Taylor, 2020).

El legado de los acueductos romanos es indiscutible. Estas estructuras no solo facilitaron la vida diaria al proporcionar agua para consumo doméstico, riego y baños públicos, sino que también simbolizaban el poder del Imperio Romano sobre la naturaleza (Hodge, 2002). Su capacidad para transportar grandes volúmenes de agua a largas distancias utilizando únicamente la gravedad es un logro impresionante que ha perdurado a lo largo de los siglos. Los acueductos romanos son un ejemplo destacado del ingenio humano en la antigüedad. Su construcción no solo cumplía una función utilitaria, sino que también servía como expresión del dominio romano sobre su entorno natural. Este legado perdura hasta nuestros días, inspirando a ingenieros y arquitectos modernos en su búsqueda por soluciones innovadoras en la gestión del agua y la infraestructura urbana.

Cisternas de Yerebatan: almacenamiento subterráneo

La Cisterna de Yerebatan (Yerebatan Sarnıcı), también conocida como Cisterna Basílica, es una magnífica obra arquitectónica que fue construida bajo el reinado del emperador Justiniano I en el siglo VI d.C. Esta estructura no solo representa la culminación del ingenio bizantino en el almacenamiento y distribución de agua, sino que también se erige como un símbolo del esplendor de la antigua Constantinopla y de la capacidad técnica de sus ingenieros (Mango, 2015). Situada en el corazón de la ciudad, esta impresionante cisterna subterránea es un testimonio extraordinario de la ingeniería hidráulica bizantina y de la continuación del legado romano en la gestión del agua, destacándose por su diseño innovador y su funcionalidad (Crow et al., 2008).

Con dimensiones monumentales que alcanzan los 140 metros de longitud por 70 metros de anchura, la Cisterna de Yerebatan tiene una capacidad aproximada de 100.000 metros cúbicos de agua, lo que la convierte en una de las más grandes cisternas subterráneas del mundo (Bardill, 2017). Esta imponente estructura se encuentra a 9 metros bajo el nivel del suelo y está sostenida por un total de 336 columnas, dispuestas en 12 filas con 28 columnas cada una. Cada columna tiene una altura de 9 metros y está coronada por bóvedas de ladrillo, mientras que los muros que rodean la cisterna tienen un grosor impresionante de 4 metros y han sido impermeabilizados con un mortero hidráulico especial para garantizar su funcionalidad a lo largo del tiempo (Çeçen, 2014).

Las columnas que sostienen esta magnífica estructura son particularmente notables. Como señala Ward-Perkins (2012), provienen en su mayoría de templos antiguos y exhiben una variedad de órdenes arquitectónicos, siendo los más predominantes el corintio y el jónico. Cada columna presenta bases y capiteles finamente tallados que reflejan la maestría artesanal de los canteros bizantinos. El sistema de impermeabilización es otro aspecto crucial del diseño; según los estudios realizados por Lancaster (2018), este incluye muros revestidos con mortero hidráulico, un suelo pavimentado con ladrillos y un elaborado sistema de juntas elásticas diseñado para prevenir filtraciones.

El sistema hidráulico que alimenta la cisterna está conectado al famoso Acueducto de Valente, lo que permite un suministro constante de agua. Además, cuenta con sofisticados mecanismos para la filtración y control de sedimentos, asegurando así la calidad del agua almacenada (Crow, 2012). La cisterna desempeñaba múltiples funciones vitales: no solo almacenaba agua para períodos prolongados de sequía, sino que también abastecía al Gran Palacio y a las áreas adyacentes. En tiempos de conflicto o asedio, servía como una reserva estratégica crucial para garantizar el suministro hídrico a la población (Dark y Harris, 2008).

Un aspecto particularmente notable del funcionamiento de la cisterna es su sistema operativo, documentado por Westbrook (2019). Este sistema incluía procesos para captar tanto el agua proveniente del acueducto principal como el agua de lluvia. Además, se implementaba un riguroso programa de mantenimiento que abarcaba la limpieza periódica de sedimentos y el control constante de la calidad del agua almacenada. La distribución del agua se realizaba a través de una compleja red de conductos que alimentaban fuentes públicas y edificios importantes en toda Constantinopla.

Entre los elementos artísticos más destacados dentro de la cisterna se encuentran las famosas bases de columna Medusa. Según Bassett (2015), estas bases no solo cumplían una función estructural, sino que también servían como símbolos apotropaicos, destinados a proteger el espacio sagrado. La decoración arquitectónica incluye capiteles finamente labrados y relieves en las columnas, además de numerosas marcas dejadas por los canteros y símbolos que evidencian la colaboración entre diferentes talleres constructivos.

El estado actual de la Cisterna de Yerebatan es excelente gracias a numerosas intervenciones restaurativas que han tenido lugar a lo largo del tiempo. Estas restauraciones han sido llevadas a cabo con un enfoque cuidadoso para respetar la integridad histórica del monumento (Ahunbay, 2016). Las restauraciones modernas han incluido no solo la limpieza y consolidación de las estructuras existentes, sino también el refuerzo de elementos deteriorados y adaptaciones para facilitar el acceso público. Este enfoque ha permitido mantener un equilibrio entre conservación histórica y funcionalidad turística.

En resumen, la Cisterna Basílica no solo es un ejemplo sobresaliente del ingenio arquitectónico bizantino sino también un sitio cultural e histórico que atrae a millones de visitantes cada año debido a su singular belleza e historia fascinante. Su importancia trasciende lo meramente funcional; se ha convertido en un símbolo perdurable del ingenio humano y una representación tangible del esplendor cultural e histórico que caracterizó a Constantinopla durante su apogeo.

Sistemas hidráulicos de Petra y Machu Picchu

El dominio del agua ha sido un pilar fundamental en el desarrollo de civilizaciones a lo largo de la historia, y dos ejemplos sobresalientes de esta maestría son los sistemas hidráulicos de Petra, en Jordania, y Machu Picchu, en Perú. Ambas culturas, a pesar de sus diferencias geográficas y temporales, desarrollaron ingeniosas técnicas para gestionar el agua, asegurando así la sostenibilidad de sus comunidades.

Petra, conocida como la "ciudad rosa" por el color de sus rocas, es famosa no solo por su impresionante arquitectura tallada en piedra, sino también por su avanzado sistema hidráulico. Los nabateos, que habitaron esta región, enfrentaron el desafío de un entorno árido y seco. Para sobrevivir, desarrollaron un sofisticado sistema de captación y almacenamiento de agua que incluía canales, cisternas y embalses. Los nabateos construyeron canales que desviaban las aguas de lluvia hacia cisternas subterráneas, permitiendo la recolección del agua escasa. Estos canales estaban diseñados para aprovechar al máximo cada gota de lluvia, utilizando técnicas que minimizaban la evaporación y maximizaban la infiltración del agua en el suelo. Además, las cisternas eran revestidas con mortero impermeable para evitar filtraciones y pérdidas.

Un aspecto notable del sistema hidráulico de Petra es su capacidad para gestionar las aguas pluviales en un terreno montañoso. Los ingenieros nabateos diseñaron estructuras que permitían desviar el agua hacia áreas cultivables, creando un oasis en medio del desierto. Esta gestión eficiente del agua fue crucial para el desarrollo agrícola y la prosperidad económica de Petra.

Por otro lado, Machu Picchu presenta un ejemplo igualmente impresionante de ingeniería hidráulica. Los incas desarrollaron intrincados sistemas de acueductos y canales para recolectar y distribuir agua en esta emblemática ciudadela (Top Alpaka Travel, n.d.). Los acueductos, construidos con piedras talladas con precisión, capturaban agua de manantiales cercanos y la conducían hacia terrazas agrícolas y fuentes distribuidas estratégicamente por todo el complejo. La planificación hidráulica en Machu Picchu era meticulosa. Los incas diseñaron fuentes de agua cuidadosamente ubicadas que canalizaban el líquido vital a través de canales hacia áreas específicas. Esto no solo garantizaba acceso a agua potable, sino que también creaba ambientes relajantes como los baños termales (Top Alpaka Travel, n.d.). Además, su sistema de drenaje eficiente evitaba la acumulación de agua en las estructuras, protegiéndolas de daños potenciales (iAgua, n.d.).

La integración del sistema hidráulico con la topografía natural es otro aspecto notable. Los incas adaptaron su arquitectura para armonizar con el entorno, minimizando el impacto ambiental y respetando los ciclos naturales del agua (iAgua, n.d.). Este enfoque no solo refleja una comprensión avanzada de la gestión del agua sino también una profunda conexión espiritual con la naturaleza.

Los estudios realizados por Wright y Valencia (n.d.) destacan que los sistemas hidráulicos incas incluían componentes complejos como zanjas abiertas que seguían las curvas de nivel para conducir el agua hacia cochas donde se filtraba antes de surgir como puquios meses después. Este ingenioso diseño aseguraba un suministro constante durante los períodos secos, permitiendo así la agricultura sostenible.

Tanto Petra como Machu Picchu son ejemplos sobresalientes del ingenio humano en el dominio del agua. A través de sus innovadores sistemas hidráulicos, estas civilizaciones no solo lograron sobrevivir en entornos desafiantes, sino que también florecieron culturalmente. La gestión eficaz del agua fue fundamental para su desarrollo económico y social, dejando un legado duradero que continúa inspirando a generaciones actuales en la búsqueda por soluciones sostenibles en la gestión hídrica.

Canales y puertos antiguos

Las civilizaciones antiguas se manifestaron de manera notable a través de la construcción de canales y puertos, que jugaron un papel crucial en el desarrollo económico, social y militar de estas sociedades. Estos sistemas no solo facilitaban el transporte de mercancías, sino que también aseguraban el acceso a recursos hídricos vitales, lo que a su vez fomentaba la agricultura y el comercio.

Los canales navegables han sido utilizados desde tiempos remotos para conectar ríos, lagos y océanos, permitiendo el transporte eficiente de mercancías y personas. Un ejemplo temprano es el sistema de canales artificiales creado por los antiguos egipcios, que facilitaba la navegación y el comercio en el Nilo. Estos canales eran esenciales para la agricultura, ya que permitían la irrigación de tierras en áreas áridas y contribuían al desarrollo de una economía agrícola próspera. La capacidad de controlar el agua del Nilo fue fundamental para la civilización egipcia, permitiendo cosechas abundantes que sustentaban a una población creciente.

Durante la época romana, la construcción de canales alcanzó un nuevo nivel de sofisticación. Los ingenieros romanos diseñaron extensos sistemas de canales que no solo conectaban diferentes cuerpos de agua, sino que también facilitaban la navegación interna en ciudades como Roma. Estos canales eran cruciales para el comercio y el transporte militar, permitiendo un movimiento eficiente de tropas y suministros a lo largo del imperio. La red de canales romanos no solo mejoró la logística del imperio, sino que también fomentó la integración cultural al facilitar el intercambio entre diversas regiones (Wikipedia, n.d.).

Uno de los ejemplos más destacados es el Canal de Corinto, que conecta el mar Jónico con el mar Egeo. Este canal fue una obra monumental que redujo significativamente la distancia de navegación para los barcos que transitaban entre estos dos mares. Su apertura permitió un acceso más rápido a las rutas comerciales del Mediterráneo, impulsando así la economía regional y fortaleciendo las conexiones comerciales entre diferentes culturas.

Los puertos antiguos fueron fundamentales para el comercio marítimo y la expansión cultural. Desde los primeros refugios construidos por los fenicios hasta los elaborados puertos de las ciudades griegas y romanas, estos espacios eran vitales para el intercambio comercial y la proyección del poder naval. Un ejemplo notable es el puerto de Uadi al-Yarf en Egipto, que data de alrededor del 2500 a.C. Este puerto artificial facilitaba el comercio marítimo y estaba estratégicamente ubicado cerca de Menfis, lo que lo convertía en un punto clave para las rutas comerciales del antiguo Egipto (Wikipedia, n.d.). Los fenicios también jugaron un papel crucial en el desarrollo de puertos, construyendo instalaciones en ciudades como Sidón y Tiro durante el siglo XIII a.C., que se convirtieron en importantes centros comerciales del Mediterráneo (Prosertek, n.d.).

En Grecia, el puerto del Pireo se destacó como una base naval esencial durante la época clásica. Este puerto no solo servía como punto de partida para expediciones militares, sino que también era un centro comercial vibrante que conectaba Atenas con otras regiones del mundo antiguo. La importancia estratégica del Pireo fue tal que se convirtió en uno de los principales puertos del Mediterráneo, facilitando tanto el comercio como la proyección militar griega

(Wikipedia, n.d.). La construcción del dique de Heptastadion en Alejandría durante el siglo III a.C. fue otro hito significativo; este dique separaba dos partes del puerto y albergaba el famoso Faro de Alejandría, una maravilla arquitectónica y uno de los faros más antiguos del mundo (Wikipedia, n.d.).

La evolución de los puertos continuó a lo largo del tiempo, adaptándose a las necesidades cambiantes del comercio marítimo. Las técnicas constructivas utilizadas incluían rocas locales y materiales duraderos que aseguraban la resistencia frente a las condiciones climáticas adversas. Con la llegada de nuevas tecnologías y métodos constructivos durante la Edad Media y Moderna, los puertos se transformaron en complejos multimodales que integraban diversas formas de transporte y logística (Prosertek, n.d.). Esta adaptación no solo mejoró la eficiencia del comercio marítimo, sino que también permitió a las ciudades portuarias prosperar como centros económicos.

Estas infraestructuras no solo facilitaron el comercio y la comunicación entre civilizaciones, sino que también jugaron un papel clave en el desarrollo económico y militar. La herencia de estos sistemas hidráulicos perdura hasta nuestros días, recordándonos la importancia del agua como recurso vital para la supervivencia y prosperidad humana.

Técnicas de irrigación y control de inundaciones

El desarrollo de técnicas de irrigación y control de inundaciones ha sido fundamental para el progreso de las civilizaciones antiguas, permitiendo la transformación de territorios áridos en tierras cultivables y el manejo efectivo de las crecidas fluviales, sentando las bases para el desarrollo agrícola y urbano (Hassan, 2011). Los mesopotámicos desarrollaron uno de los primeros sistemas complejos de irrigación, utilizando canales que se extendían desde los ríos Tigris y

Éufrates. El sistema shaduf, una estructura de contrapeso para elevar agua, permitía la irrigación de terrenos elevados y se convirtió en una tecnología fundamental que posteriormente se extendió por todo el Medio Oriente (Wilkinson, 2013).

En el antiguo Egipto, el sistema de cuencas (basins) aprovechaba las inundaciones anuales del Nilo. Los agricultores construían diques y canales para retener el agua y los sedimentos fértiles durante la crecida, creando un sistema de irrigación natural que permitía hasta tres cosechas anuales (Butzer, 2019). Los romanos perfeccionaron estas técnicas mediante acueductos para transportar agua a largas distancias, sistemas de distribución con compuertas regulables, canales secundarios y terciarios, y técnicas avanzadas de nivelación del terreno (Wilson, 2018).

Las civilizaciones desarrollaron diversos métodos para controlar las inundaciones, incluyendo estructuras de contención como diques, terraplenes, muros de contención y canales de derivación. Los sistemas de drenaje incorporaban canales de desagüe, cuencas de retención, compuertas reguladoras y túneles de desviación (Jansen, 2017). Las innovaciones técnicas en los sistemas de irrigación incluyeron métodos de elevación del agua como norias (ruedas hidráulicas), tornillos de Arquímedes, bombas de cadena y sistemas de balancín. La distribución se realizaba mediante canales revestidos, acueductos elevados, sifones invertidos y tuberías de terracota (Shaw, 2020).

La administración de estos sistemas requería una organización social compleja que incluía planificación mediante estudios topográficos, cálculos de caudales, diseño de infraestructuras y programación de mantenimiento. La regulación abarcaba derechos de agua, turnos de riego, mantenimiento colectivo y resolución de conflictos (Scarborough, 2016). Diferentes culturas desarrollaron técnicas adaptadas a sus condiciones locales: en China se destacaron las terrazas arroceras, sistemas de polders y canales de derivación, mientras que en América precolombina sobresalieron las chinampas aztecas, los camellones andinos y las terrazas incaicas (Park, 2014).

Los sistemas de irrigación y control de inundaciones tuvieron profundos efectos ambientales y sociales. Ambientalmente, provocaron la modificación del paisaje, alteración de ecosistemas, cambios en patrones de sedimentación y control de la erosión. Socialmente, impulsaron el desarrollo urbano, la especialización laboral, la creación de estructuras administrativas y sistemas legales específicos (Miller, 2020).

La gestión del agua en las sociedades antiguas demuestra una sorprendente sofisticación tecnológica y organizativa. Las técnicas desarrolladas no solo permitieron la supervivencia y prosperidad de estas civilizaciones, sino que también establecieron las bases para muchos de los sistemas modernos de gestión hídrica. El legado de estas innovaciones continúa influyendo en las prácticas actuales de irrigación y control de inundaciones, adaptándose a nuevos desafíos y tecnologías

Gestión del agua en diferentes civilizaciones

La gestión del agua ha sido un elemento crucial en el desarrollo de las civilizaciones antiguas, determinando su prosperidad y supervivencia a lo largo de la historia. Las diferentes culturas desarrollaron sistemas únicos y sofisticados para el aprovechamiento, almacenamiento y distribución del agua, adaptándose a sus condiciones geográficas y necesidades específicas (Mithen, 2012).

En Mesopotamia, considerada la cuna de la civilización, el manejo del agua se centró en el aprovechamiento de los ríos Tigris y Éufrates. Los sumerios y babilonios desarrollaron complejos sistemas de canales y diques que permitían controlar las inundaciones estacionales y dirigir el agua hacia los campos de cultivo. El Código de Hammurabi, uno de los primeros códigos legales conocidos, incluía regulaciones específicas sobre la gestión del agua, evidenciando su importancia social y económica (Mays, 2010).

El antiguo Egipto basó su prosperidad en el manejo del Nilo y sus inundaciones anuales. Los egipcios desarrollaron un sofisticado sistema de nilómetros para medir y predecir las crecidas del río, junto con una red de canales y diques que permitía aprovechar el agua y los sedimentos fértiles. Este sistema no solo facilitaba la agricultura, sino que también determinaba los impuestos y la organización social del imperio (Hassan, 2014).

La civilización romana llevó la ingeniería hidráulica a nuevas alturas con la construcción de acueductos monumentales, termas y sistemas de distribución urbana. Los romanos implementaron tecnologías avanzadas como tuberías de plomo, válvulas de control y sistemas de filtración. Su sistema administrativo incluía funcionarios específicos (curator aquarum) encargados de supervisar la infraestructura hidráulica y regular su uso (Hodge, 2013).

En el continente americano, los mayas desarrollaron sistemas innovadores para la captación y almacenamiento de agua en regiones carentes de ríos permanentes. Construyeron reservorios artificiales (aguadas), sistemas de captación de agua de lluvia y canales subterráneos. Los aztecas, por su parte, crearon las chinampas, islas artificiales altamente productivas en lagos poco profundos, y desarrollaron sistemas de diques para controlar los niveles de agua en la ciudad de Tenochtitlan (Lucero & Fash, 2019).

La civilización china implementó técnicas sofisticadas de control de inundaciones y sistemas de irrigación, incluyendo el Gran Canal, la obra hidráulica más extensa del mundo antiguo. El desarrollo del sistema de irrigación Dujiangyan en el siglo III a.C. permitió transformar la cuenca del río Min en una de las regiones agrícolas más productivas de China, continuando en funcionamiento hasta la actualidad (Needham & Wang, 2015).

En la India antigua, la gestión del agua incorporaba elementos religiosos y culturales junto con soluciones técnicas avanzadas. Los sistemas de pozos escalonados (baolis), tanques de almacenamiento y canales de distribución se integraban en la planificación urbana y religiosa. El tratado Arthashastra incluía directrices detalladas sobre la gestión del agua y su importancia para la gobernanza (Shaw, 2018).

Las civilizaciones árabes desarrollaron sistemas innovadores para gestionar el agua en entornos áridos, incluyendo los qanats (canales subterráneos) y sofisticados sistemas de distribución urbana. Los ingenieros árabes medievales perfeccionaron dispositivos mecánicos para la elevación del agua y escribieron tratados importantes sobre hidráulica (Al-Hassan & Hill, 2016).

Los incas en Sudamérica construyeron complejos sistemas de terrazas agrícolas y canales de irrigación en terreno montañoso, demostrando un profundo entendimiento de la hidráulica y la ingeniería. Sus sistemas de distribución de agua incluían fuentes ceremoniales y sistemas de drenaje que aún hoy son admirados por su precisión técnica (Ortloff, 2017).

Soluciones hidráulicas que perduran

Muchas de las soluciones hidráulicas desarrolladas por civilizaciones antiguas continúan funcionando o influyendo en los sistemas modernos de gestión del agua, demostrando la sofisticación y durabilidad de estos diseños ancestrales. Estas estructuras no solo han resistido el paso del tiempo, sino que también ofrecen lecciones valiosas para enfrentar los desafíos actuales de gestión hídrica (Smith, 2019).

El sistema de irrigación Dujiangyan en China, construido en el 256 a.C., sigue operativo y proporciona agua a más de 50 millones de personas en la provincia de Sichuan. Su diseño, que combina el control de inundaciones con la distribución de agua para irrigación, utiliza principios hidráulicos que aún son relevantes en la ingeniería moderna. El sistema no requiere presas permanentes y aprovecha la topografía natural para dividir y regular el flujo del agua, minimizando el mantenimiento necesario (Wang, 2020).

Los qanats del Medio Oriente, túneles subterráneos que transportan agua por gravedad desde acuíferos hasta la superficie, siguen funcionando en países como Irán, Omán y Afganistán. Estos sistemas, que datan de hace más de 2000 años, proporcionan agua potable y de riego sin necesidad de bombeo mecánico, representando una solución sostenible para regiones áridas. Su diseño permite minimizar la evaporación y mantener la calidad del agua, aspectos cruciales en el contexto del cambio climático actual (Wilson, 2018).

Las terrazas agrícolas incas en los Andes peruanos continúan siendo utilizadas por comunidades locales. Su diseño incorpora sistemas de drenaje y control de erosión que han prevenido deslizamientos de tierra durante siglos. Los principios de construcción empleados en estas terrazas se estudian actualmente para desarrollar soluciones sostenibles en agricultura de montaña y conservación de suelos (Ortloff, 2021).

Los tanques de agua tradicionales en India, conocidos como kunds o baolis, siguen siendo relevantes para la gestión del agua en zonas rurales. Estos sistemas de recolección de agua de lluvia y almacenamiento han inspirado proyectos modernos de cosecha de agua y recarga de acuíferos.

Su diseño permite la filtración natural y el mantenimiento de la calidad del agua, aspectos que se incorporan en sistemas contemporáneos de gestión hídrica (Kumar, 2017).

Los acueductos romanos, aunque mayormente en desuso para su propósito original, han influido significativamente en el diseño de sistemas modernos de distribución de agua. Los principios hidráulicos utilizados en su construcción, como el uso de la gravedad y el control de la presión, siguen siendo fundamentales en la ingeniería hidráulica actual. Algunos acueductos, como el de Segovia en España, mantuvieron su función hasta el siglo XX (Mays, 2020).

Las chinampas aztecas han inspirado sistemas modernos de agricultura urbana y gestión sostenible del agua. Este método de cultivo, que combina el manejo del agua con la producción agrícola intensiva, ofrece soluciones para la agricultura urbana sostenible y la gestión de humedales. Proyectos contemporáneos en México y otros países están adaptando estos principios para desarrollar sistemas agrícolas resilientes (Martínez, 2016).

Los sistemas de control de inundaciones desarrollados en los Países Bajos durante siglos continúan evolucionando y adaptándose a nuevos desafíos. Los principios básicos de gestión del agua establecidos durante el período medieval siguen siendo relevantes, aunque se han modernizado con tecnología actual. El concepto de "vivir con el agua" en lugar de luchar contra ella ha influido en estrategias modernas de adaptación al cambio climático (Van der Veer, 2019).

La importancia de estas soluciones hidráulicas históricas radica no solo en su funcionalidad continua, sino también en los principios sostenibles que incorporan. En una era de creciente estrés hídrico y cambio climático, estas tecnologías tradicionales ofrecen lecciones valiosas sobre adaptabilidad, sostenibilidad y resiliencia en la gestión del agua.

CAPITULO IV
LECCIONES DEL PASADO VISIÓN DEL FUTURO

Análisis de la durabilidad de estructuras antiguas

Las estructuras antiguas, como la Gran Pirámide de Giza y el Coliseo Romano, han perdurado a lo largo de los siglos, desafiando no solo las inclemencias del tiempo, sino también la intervención humana. Este fenómeno no es solo un testimonio de la habilidad de sus constructores, sino también de la elección cuidadosa de materiales y técnicas de construcción.

La Gran Pirámide, construida hace más de 4,500 años, es un ejemplo paradigmático. Su diseño geométrico y la calidad de los materiales utilizados —piedra caliza y granito— han permitido que esta monumental obra sobreviva durante milenios. La elección de estos materiales no fue casual; su resistencia a la erosión y su capacidad para soportar cargas masivas son características que los antiguos egipcios comprendieron y aprovecharon. La pirámide está alineada con precisión con los puntos cardinales, lo que también refleja un profundo entendimiento astronómico y geográfico.

Un análisis detallado de estas estructuras revela principios fundamentales sobre la durabilidad: el uso de geometrías estables, la elección de materiales locales y la comprensión del entorno. Por ejemplo, el Coliseo Romano no solo fue diseñado para ser un espacio monumental para espectáculos públicos, sino que su estructura elíptica y el uso del arco permitieron distribuir eficientemente las cargas, lo que ha contribuido a su longevidad. La combinación de hormigón, piedra travertino y ladrillo en su construcción proporciona una resistencia excepcional. Estas lecciones son cruciales para los ingenieros modernos que buscan crear edificaciones que no solo sean funcionales, sino que también resistan el paso del tiempo.

Nota. Recurso adaptado por ideogram

Técnicas de construcción sostenible del pasado

Las civilizaciones antiguas implementaron técnicas sostenibles que son relevantes hoy en día. Los romanos diseñaron sus edificios con sistemas de captación de agua pluvial y técnicas de ventilación natural que minimizaban la necesidad de calefacción y refrigeración artificial. Este enfoque no solo era eficiente desde el punto de vista energético, sino que también reflejaba un profundo respeto por el medio ambiente.

La arquitectura vernácula en diversas culturas muestra un uso ingenioso de los recursos locales. En regiones áridas se construyeron casas con muros gruesos para mantener temperaturas frescas en verano y cálidas en invierno. Este tipo de diseño se puede observar en las casas tradicionales del suroeste estadounidense, donde el adobe se utilizaba para regular la temperatura interior. La reutilización de materiales y el diseño adaptativo son prácticas que pueden ser redescubiertas y aplicadas en la construcción moderna para reducir la huella ecológica.

Un ejemplo notable es el uso del adobe en muchas culturas indígenas. Este material natural no solo es abundante y fácil de trabajar, sino que también tiene propiedades térmicas excelentes. Las edificaciones hechas con adobe regulan naturalmente la temperatura interior, lo que reduce la dependencia de sistemas mecánicos para calefacción o refrigeración.

Figura 8
Imagen de la construcción sostenible vinculada a la actualidad

Nota. Recurso adaptado por ideogram

Métodos de restauración y preservación

La restauración y preservación de monumentos históricos requieren un enfoque meticuloso que respete tanto la estética como la integridad estructural. La restauración del Coliseo Romano es un caso emblemático donde se han utilizado técnicas modernas para estabilizar la estructura sin comprometer su autenticidad. Esto incluye el uso de materiales compatibles que imitan las propiedades originales sin alterar el carácter histórico del monumento.

Además, los métodos tradicionales son fundamentales en este proceso. En muchas culturas, se han utilizado técnicas ancestrales para reparar muros de piedra, asegurando que las intervenciones sean invisibles a simple vista y manteniendo el valor cultural del edificio. Por ejemplo, en Europa, muchas catedrales góticas han sido restauradas utilizando técnicas medievales para garantizar que las reparaciones sean coherentes con las estructuras originales.

La preservación no solo implica restaurar; también se trata de adaptar estos espacios a nuevas funciones sin perder su esencia histórica. Un ejemplo contemporáneo es el uso adaptativo de fábricas antiguas en espacios culturales o residenciales, donde se conserva la estructura original mientras se incorporan elementos modernos.

Nota. Recurso adaptado por ideogram

Aplicación de principios antiguos en la ingeniería moderna

Los principios arquitectónicos utilizados por los antiguos ingenieros pueden ofrecer soluciones innovadoras a los desafíos contemporáneos. El uso del arco y la bóveda en construcciones romanas no solo proporcionó una resistencia estructural excepcional, sino que también permitió crear espacios amplios y luminosos. Estos conceptos pueden ser adaptados para diseñar edificios modernos más eficientes en términos de espacio y recursos.

Además, los principios de diseño bioclimático utilizados por civilizaciones antiguas — como la orientación adecuada para maximizar la luz solar o minimizar el viento— son ahora más relevantes que nunca en un contexto donde la sostenibilidad es una prioridad global. Integrar estos principios en el diseño contemporáneo puede resultar en edificaciones más resilientes y menos dependientes de fuentes energéticas externas.

Por ejemplo, las casas tradicionales japonesas utilizan techos inclinados para gestionar las precipitaciones y evitar acumulaciones indeseadas de nieve o agua. Este tipo de diseño puede ser fundamental hoy en día al considerar las condiciones climáticas cambiantes provocadas por el calentamiento global.

Desafíos contemporáneos y soluciones históricas

Los desafíos actuales en la ingeniería civil incluyen el cambio climático, el crecimiento urbano desmedido y la escasez de recursos naturales. Las soluciones históricas ofrecen una rica fuente de inspiración para abordar estos problemas. Por ejemplo, los acueductos romanos no solo eran ingeniosos en su diseño; también eran ejemplos tempranos de gestión eficiente del agua, algo crucial en un mundo donde este recurso es cada vez más escaso.

Las técnicas utilizadas por civilizaciones como los incas para gestionar sus sistemas hidráulicos pueden ser adaptadas para enfrentar los desafíos actuales relacionados con el agua. La implementación de sistemas sostenibles basados en estos principios históricos puede contribuir significativamente a una gestión más eficaz del medio ambiente.

Un caso contemporáneo es el sistema tradicional andino conocido como "andenes", donde se crean terrazas agrícolas que permiten un mejor control del agua y una mayor productividad agrícola en terrenos montañosos. Este tipo de prácticas puede ser clave para enfrentar desafíos como la desertificación o las sequías prolongadas.

El futuro de la construcción resiliente

El futuro del sector constructivo dependerá en gran medida de nuestra capacidad para fusionar las enseñanzas del pasado con innovaciones tecnológicas contemporáneas. La resiliencia ante desastres naturales debe ser una prioridad fundamental en el diseño arquitectónico moderno. Esto implica no solo utilizar materiales duraderos y técnicas probadas a lo largo del tiempo, sino también desarrollar infraestructuras que puedan adaptarse a condiciones climáticas cambiantes.

La incorporación del diseño modular y flexible puede permitir a las edificaciones responder mejor a eventos extremos como terremotos o inundaciones. Además, promover una cultura constructiva que valore tanto la innovación como el respeto por las tradiciones puede resultar en soluciones más efectivas y sostenibles.

Un enfoque prometedor es el uso creciente de tecnologías digitales como modelado 3D e impresión 3D para crear estructuras personalizadas que respondan a necesidades específicas mientras optimizan recursos. Estas tecnologías pueden facilitar un diseño más eficiente e inclusivo al permitir una mayor participación comunitaria en los procesos constructivos.

Aprendizajes para las nuevas generaciones de ingenieros

Es esencial que las nuevas generaciones de ingenieros comprendan y aprecien el legado dejado por sus predecesores. La educación en ingeniería civil debe integrar estudios sobre técnicas antiguas junto con tecnologías modernas. Fomentar una mentalidad crítica hacia el aprendizaje del pasado permitirá a los futuros ingenieros desarrollar soluciones innovadoras que sean tanto efectivas como sostenibles.

Incorporar estudios interdisciplinarios —que incluyan historia, ecología y sociología— enriquecerá su formación y les permitirá abordar problemas complejos desde múltiples ángulos. Al hacerlo, estarán mejor preparados para enfrentar los retos del futuro mientras honran las lecciones aprendidas a lo largo del tiempo.

Es igualmente importante fomentar una ética profesional centrada en la responsabilidad social y ambiental. Los ingenieros deben ser conscientes del impacto que sus decisiones tienen sobre las comunidades y ecosistemas locales. Esto implica no solo diseñar edificios seguros y funcionales, sino también considerar cómo estos interactúan con su contexto social y ambiental.

REFERENCIAS

Adam, J. P. (2016). Roman building: Materials and techniques (4th ed.). Routledge.

Agencia Andina. (2018). La sabiduría que emana Machu Picchu: un estudio revela la ingeniería sismorresistente de los incas.https://portal.andina.pe/edpespeciales/2018/machupicchu/index.html

Ahunbay, Z. (2016). Conservation of Byzantine Istanbul. *Journal of Architectural Conservation*, 22(1), 4-20.

Archaeological and Anthropological Sciences,*12*(4),1-15. Management History,* 28*(3),156-178

Alder, K. (2019). *Engineering the revolution: Arms and enlightenment in France, 1763-1815.* Princeton University Press.

Altman, N. (2018). *Sacred water: The spiritual source of life.* Inner Traditions.

Bardill, J. (2017). *The monuments of ancient Constantinople.* Cambridge University Press.

Bassett, S. (2015). The urban image of late antique Constantinople. Cambridge University Press.

Beckmann, J. (2021). *A history of inventions, discoveries, and origins* (W. Johnston, Trans.). Cambridge University Press.

Browne, M. W. (2017). *Ancient construction techniques: From pyramids to cathedrals.* Oxford University Press.

Çeçen, K. (2014). The longest Roman water supply line. Turkish Academy of Sciences.

Cemex Ventures(n.d.) Materiales de construcción sostenible.https://www.cemexventures.com/es/materiales-construccion-sostenib

Construible(n.d.) Construcción sostenible.https://www.construible.es/construccion-sostenible

Cerlalc(n.d.) Mirar el pasado,pensar e intervenir el presente,... planificar el futuro: Parte 1.https://cerlalc.org/mirar-el-pasado-pensar-e-intervenir-el-presente-planificar-el-futuro-parte-1/

Crow, J., Bardill, J., & Bayliss, R. (2008). The water supply of Byzantine Constantinople. Society for the Promotion of Roman Studies.

Crow, J. (2012). Water and late antique Constantinople. In L. Grig & G. Kelly (Eds.), *Two Romes: Rome and Constantinople in late antiquity* (pp. 116-135). Oxford University Press.

Cultura Genial.(2024,octubre 22) Coliseo romano: historia, características y datos curiosos.https://www.culturagenial.com/es/coliseo-romano/

Dark, K., & Harris, A. (2008). The last Roman: Britain and the Roman inheritance. Tempus.

Davidson, R. (2021). Stone age revolution: The transformation of building techniques. *Construction History Review*, 18(2), 45-62.

DeLaine, J. (2021). The baths of Caracalla: A study in the design, construction, and economics of large-scale building projects in imperial Rome.* Journal of Roman Archaeology*.

Downey, G. (2020). *Ancient Egyptian construction and architecture* (2nd ed.). Dover Publications.

Economía Sustentable.(2024,octubre 22) Revelaron el secreto de la resistencia contra la erosión de la Gran Muralla China.https://economiasustentable.com/noticias/revelaron-el-secreto-de-la-resistencia-contra-la-erosion-de-la-gran-muralla-china/

El Tiempo.(2024,octubre 22) ¿Cómo se hicieron las pirámides de Egipto? Esto dice la inteligencia artificial.https://www.eltiempo.com/cultura/gente/como-se-hicieron-las-piramides-de-egipto-esto-dice-la-inteligencia-artificial-3391603

Evans, R. M. (2018). *The ancient engineers: Technology and invention from the earliest times to the Renaissance.* MIT Press.

Fagan, B. M. (2021). *The first civilizations: Ancient Mesopotamia and early Egypt* (3rd ed.). Thames & Hudson.

Faster Capital(n.d.) La Gran Muralla China como sistema de defensa.https://fastercapital.com/es/tema/la-gran-muralla-china-como-sistema-de-defensa.htm

Fagan, B. M. (2021). *The first civilizations: Ancient Mesopotamia and early Egypt* (3rd ed.). Thames & Hudson.

García,J.(2016). Capítulo 4: Lecciones del pasado para el futuro.En [Título del libro o documento si está disponible]. Academia.edu.https://www.academia.edu /31970516 /Capitulo_4_Lecciones_del_pasado_para_el_futuro

García-Martínez, A. (2022). De la madera a la piedra: Transformaciones arquitectónicas en la antigüedad.* Revista de Historia de la Construcción,* 15(4), 78-95.

Guerrero Ortiz,L.(2019,noviembre11) Visión de futuro y comprensión del pasado.Instituto Educacción.https://institutoeducaccion.org/vision-de-futuro-y-comprension-del-pasado/

Hodge, A.T.(2002).* Roman aqueducts & water supply.* Bristol Classical Press.

Hodge, A.T.(2017).* Roman aqueducts & water supply* (2nd ed.). Bristol Classical Press.

INUE.(2024,octubre 22) Arquitectura histórica: Coliseo Romano.https://inue.edu.mx/blog/arquitectura-histrica-coliseo-romano

Infobae.(2023,septiembre 1) La ingeniería sísmica de los incas: conexión entre la arquitectura y el riesgo geológico en el Perú.https://www.infobae.com/peru/2023/09/01/la-ingenieria-sismica-de-los-incas-conexion-entre-la-arquitectura-y-el-riesgo-geologico-en-el-peru/

Johnson,M., & Lee,S.(2020).* Early construction materials and their applications.* Archaeological Studies Quarterly,* 28(1), 23-41.

Kostof,S.(2023).* A history of architecture: Settings and rituals* (4th ed.). Oxford University Press.

Lancaster,L.C.(2021).* Concrete vaulted construction in Imperial Rome: Innovations in context.* Cambridge University Press.

Lendering,J.(2021).* Cities of ancient Mesopotamia.* Routledge.

Lucero,L.J., & Fash,B.W.(2019).* Water and ritual: The rise and fall of classic Maya rulers.* University of Texas Press.

Malissard,A.(2001).* Los romanos y el agua: La cultura del agua en la Roma antigua.* Herder.

Matthewson,C.(2019).* Historic bridges: Evaluation, preservation, and management.* McGraw-Hill Education.

Mays,L.W.(2010).* Ancient water technologies.* Springer.

Mithen,S.(2012).* Thirst: Water and power in the ancient world.* Harvard University Press.

Moropoulou,A., Karoglou,M., & Delegou,E.T.(2020).* Ancient building technologies and materials.* Archaeological and Anthropological Sciences,*12*(4),1-15.

National Geographic.(2022,mayo 24) Las pirámides de Guiza: claves de construcción y mitos.https://www.nationalgeographic.es/historia/piramides-guiza-claves-construccion-mitos

National Geographic.(2024,octubre 22) Un estudio revela el secreto de la resistencia del hormigón romano.https://historia.nationalgeographic.com.es/a/un-estudio-revela-el-secreto-de-la-resistencia-del-hormigon-romano_18951

National Geographic.(2024,octubre 22) La Gran Muralla China: la mayor obra de ingeniería del mundo.https://historia.nationalgeographic.com.es/a/gran-muralla-china-mayor-obra-ingenieria-mundo_8272

Needham,J., & Wang,L.(2015).* Science and civilisations in China: Volume 4 ,Physics and physical technology ,Part 3,Civil engineering and nautics.* Cambridge University Press}

Nuttgens,P.(2021).* The story of architecture: From antiquity to the present* (3rd ed.). Phaidon Press

Pagès,J., & Santisteban,A.(2009). Aprender el pasado,comprender el presente y construir el futuro: lecciones de una investigación sobre la historia enseñada.XII Jornadas Interescuelas / Departamentos de Historia.Facultad de Humanidades y Centro Regional Universitario Bariloche.Universidad Nacional del Comahue. https://cdsa.aacademica.org/000-008/843.pdf

Park,C.(2014).* Traditional irrigation techniques in different cultures.* Moropoulou,A., Karoglou,M., & Delegou,E.T.(2020).* Ancient building technologies and materials.*

Proyecpro(n.d.) Construcción sostenible en Latinoamérica.https://proyecpro.com/construccion-sostenible-en-latinoamerica/

Quilosa(2020,septiembere17) Técnicas de construcción sostenible.https://quilosa.com/eficiencia-energetica/tecnicas-construccion-sostenible/

Ritti,T., Grewe,K., & Kessener,P.(2017) A relief of a water-powered stone saw mill on a sarcophagus at Hierapolis and its implications.* Journal of Roman Archaeology,*20(1),138-163

Roberts,C., & Chen,L.(2023).* Social implications of construction material evolutio

Scarborough,V.L .(2016) The flow of power: Ancient water systems and landscapes.SAR Press

Shaw,B.D .(2020) Bringing in the sheaves: Economy and metaphor in ancient Rome.University of Toronto Press

Smith,J.R .(2019) Enduring solutions: Historical water systems in modern context.Water Engineering and Management,*28*(4),112-126

Smith,M.E .(2019) Cities: The first 6,000 years.Viking Press

Trevor,H.(2016).* Engineering in the ancient world.* University of California Press.

Taylor,R .(2020) Roman builders: A study in architectural process.Cambridge University Press

Tickets Rome(n.d.) Historia del Coliseo de Roma (anfiteatro flavio).https://www.tickets-rome.com

Thompson,J .(2018) Greek and Roman civil engineering.Thames & Hudson

Vitruvius,P .(2019) The ten books on architecture(M.H.Morgan ,Trans.).Dover Publications

We Collect Postcards.(2024,octubre 22) Curiosidades sobre las Pirámides de Giza: 15 datos sorprendentes.https://wecollectpostcards.com/curiosidades-piramides-de-giza/

Westbrook,N.(2019). The architecture of the great palace of Constantinople. In P.Magdalino & N.Ergin(Eds.), Constantinople: Archaeology of a Byzantine megapolis(pp. 201-242). Oxbow Books.

Wilson,A .(2008) Hydraulic engineering and water supply.In J.P.Oleson(Ed.), Oxford handbook of engineering and technology in the classical world(pp285-318).Oxford University Press

Wilson,A .(2018) Hydraulic engineering and water supply.In The Oxford handbook of engineering and technology in the classical world(pp285-318).Oxford University Press

Wilson,A .(2019) Engineering and technology in the classical world.Oxford University Press

Wilkinson,T.J .(2013) Archaeological landscapes of the Near East.University of Arizona Press

Wikipedia(n.d.) Canal de navegación.https://es.wikipedia.org/wiki/Canal_de_navegaci%C3%B3n

Wikipedia(n.d.) Puerto.https://es.wikipedia.org/wiki/Puerto

Zhang,Y., Wu,X., & Li,H .(2023) Limitations and advantages of traditional building materials.International Journal of Construction History,*40*(2),123-140

Printed by Books on Demand GmbH, Norderstedt / Germany